·安博士安全生产宣传教育卡通画丛书·

安全生产事故应急与救护

（第二版）

安博士安全生产宣传教育卡通画丛书编写组

编写人员 杨 勇 秦荣中 刘松涛 任彦斌
佟瑞鹏 孙 超 曹炳文 刘梅华
周志杰 徐孟环 高运增 杨晗玉
王大杰 王一波 翁兰香

本书主编 任彦斌

中国劳动社会保障出版社

图书在版编目(CIP)数据

安全生产事故应急与救护/安博士安全生产宣传教育卡通画丛书编写组编. —2版. —北京：中国劳动社会保障出版社，2016

(安博士安全生产宣传教育卡通画丛书)

ISBN 978-7-5167-2434-7

Ⅰ.①安… Ⅱ.①安… Ⅲ.①工伤事故-处理-通俗读物 Ⅳ.①X928.02-49

中国版本图书馆CIP数据核字(2016)第052046号

中国劳动社会保障出版社出版发行

(北京市惠新东街1号 邮政编码：100029)

*

三河市华骏印务包装有限公司印刷装订 新华书店经销

850毫米×1168毫米 32开本 3.375印张 98千字

2016年3月第2版 2019年5月第4次印刷

定价：15.00元

读者服务部电话：(010)64929211/84209101/64921644

营销中心电话：(010)64962347

出版社网址：http://www.class.com.cn

内容提要

本书旨在对企业从业人员进行安全生产事故预防的普及性教育，使读者能够认识到在从事生产劳动过程中会遇到的职业危害因素，掌握最基本的应急处理、安全生产事故应急管理、常见安全生产事故应急处置、现场紧急救护通用知识。

本书为“安博士安全生产宣传教育卡通画丛书”（第二版）之一，书中每页文字都配以直观的卡通画，内容既严谨又活泼，知识性和趣味性兼容，可作为企业各类人员进行安全生产和职业病防治宣传与教育使用，也适合用于各行业企业安全生产事故预防知识普及使用。

再版前言

加强安全生产和劳动保护工作，预防各类伤亡事故与职业病的发生，使从业人员的劳动权益与工伤保险得到保障，普及安全生产事故的应急救援与现场急救知识，是我国党和政府一贯坚持的思想，是社会文明和和谐发展的重要标志，是经济和社会发展的重要内容，是实践国家安全生产方针的具体体现。同时，安全生产事故防治，也是所有生产经营单位与广大从业人员的共同责任，事关我国经济健康发展和社会长治久安的大局。我国的安全生产、劳动保护法规明确规定，生产经营单位必须对从业人员进行安全生产法律、法规和安全生产知识的宣传与教育，职工必须由厂、车间、班组进行“三级安全教育”，使其了解工厂、车间及本岗位的安全生产、劳动保护规章制度与要求，以及必须掌握的安全生产、职业病预防和事故应急救护与自救知识，以减少各种伤亡事故与职业病的发生。

为此，2012 年，中国劳动社会保障出版社组织了有关安全生产专家学者、科研人员和企业管理人员，编写出版了“安博士安全生产宣传教育卡通画丛书”，本丛书共有 4 册，分别是：《安全生产事故预防》《职业病危害预防》《安全生产事故应急与急救》《工伤保险与劳动权益》。本套丛书版式新颖，内容生动活泼，以简洁、通俗易懂的语言，讲授重要而全面的知识，配以通俗幽默的卡通画，增加了可读性的同时，更能使读者对所授知识加强深刻的印象。本套丛书的 4 个书种，从安全生产事故和职业病伤害预防到事故的应急与急救，加上工伤保险知识和

再版前言

劳动权益的了解，贯穿了生产过程中必须关注的安全生产主要内容，非常适合生产经营单位在贯彻落实《安全生产法》《职业病防治法》等法律、法规的过程中，对从业人员进行安全生产、劳动保护宣传教育时使用，同时也是广大生产一线的从业人员和走入工作岗位的青年职工学习如何保护自身安全与健康及相关合法权益与义务的优秀普及性读物。随着近年安全生产科技与理论的发展，特别是国家安全生产相关法律、法规和技术标准的更新完善，本着实用、革新的精神，现对本套丛书进行了再版。

本套丛书在编写过程中，参阅并部分引用了相关的资料与著作，在此对有关著作者和专家表示感谢。由于种种原因可能会导致图书存在不当之处或错误，请广大读者不吝赐教，以便及时纠正。

丛书编写组

2016 年 1 月

目　录

第一部分
安全生产事故概述

1. 安全与危险

安全，是日常生活中十分常用的一个词，因为它直接关系到人们的生命财产，所以备受社会关注。通俗来讲，安全就是在人们的生产和生活过程中，生命得到保证，身体、设备、财产不受到损害。

从人们从事的日常生产活动过程来说，安全就是预知人们在职业中的各个领域里存在的固有危险源和潜在危险，并且为消除这些危险的存在和状态而采取的各种方法、手段和行动。

《辞海》中将“安全生产”解释为：为预防生产过程中发生人身、设备事故，形成良好劳动环境和工作秩序而采取的一系列措施和活动。《中国大百科全书》中将“安全生产”解释为：旨在保护劳动者在生产过程中安全的一项方针，也是企业管理必须遵循的一项原则，要求最大限度地减少劳动者的工伤和职业病，保障劳动者在生产过程中的生命安全和身体健康。

安全生产事故概述

在现实生产生活中，可以这样界定安全生产：安全生产是指在劳动生产过程中，要努力改善劳动条件，克服不安全因素，防止伤亡事故的发生，使劳动生产在保证劳动者安全健康和国家财产及人民生命财产安全的前提下顺利进行。安全生产包括工业、商业、交通、建筑、矿山、农林、企业事业单位职工的人身安全和财产设备的安全，还包括铁路、公路运输及航运、民航安全，水利电力安全，消防、农药、农电安全，以及工业、建筑产品的质量安全，特种设备、劳动保护用品、安全仪器仪表、电气产品等的质量安全。

提到安全，人们会想到的另外一个词就是危险，危险应该说是与安全相对的，但是又时刻与安全并存，如果没有了危险，就没必要研究安全和安全生产。根据系统安全工程的观点，危险是指系统中存在导致发生不期望后果的可能性超过了人们的承受程度。从危险的概念可以看出，危险是人们对事物的具体认识，必须指明具体对象，如危险环境、危险条件、危险状态、危险物质、危险场所、危险人员、危险因素等。

一般用危险度来表示危险的程度。在安全生产管理中，危险度与生产系统中事故发生的可能性与严重性相关，一般情况下，发生事故的可能性越大，危险度越高；严重性越大，危险度越高。

人们总是希望危险度越低越好，最好能将危险度降低到零，就是通常所说的本质安全，希望通过设计、管理等手段，使生产设备或生产系统本身具有安全性，即使在误操作或发生故障的情况下也不会造成事故。

但事实上，由于现在技术、资金和人们对事故的认识等原因，很难做到本质安全，只能将其作为追求的目标。危险性是对安全性的反面体现，当危险性低于某种程度时，人们就认为是安全的。这样来看，安全是危险达到人们可以接受的程度。

所以说，安全和危险都是相对的，没有绝对的危险，也没有绝对的安全。

为了控制危险的发生，人们引进了“危险源”一词，希望能够从源头上掌握危险的发生和破坏作用，从而实现提前预防危险事件的发生，保护生命财产安全。从安全生产角度解释，危险源是指可能造成人员伤害、疾病、财产损失、作业环境破坏或其他损失的根源或状态。从这个意义上讲，危险源可以是一次事故、一种环境、一种状态的载体，也可以是可能产生不期望后果的人或物。

加油站的储油罐或者仓库，如果发生泄漏并同时出现明火，那么就会发生火灾、爆炸和中毒事故，因此可以说储油罐就是一个危险源，甚至可以将整个加油站作为一个危险源来看待；一个患有急性传染病的人，可能造成与他有接触的人患上疾病，因此这个人是危险源；企业的电机、设备或者机械产品需要经常检查与维护，如果企业没有对这些工作制定严格的安全操作规程，就可能对从事操作的员工产生安全威胁，那么这种没有安全操作规程就是危险源。

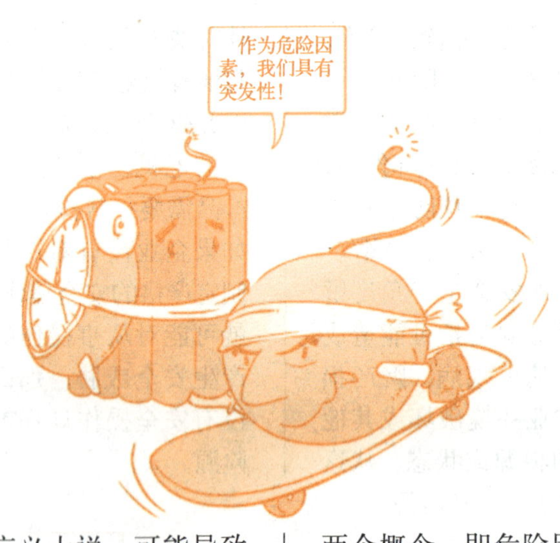

广义上说，可能导致重大事故发生的危险源就是重大危险源。《安全生产法》第一百一十二条的解释是：危险物品是指易燃易爆物品、危险化学品、放射性物品等能够危及人身安全和财产安全的物品。重大危险源是指长期或者临时地生产、搬运、使用或者储存危险物品，且危险物品的数量等于或者超过临界量的单元（包括场所和设施）。

这里提出经常遇到的两个概念，即危险因素和有害因素。危险因素是指能对人造成伤亡或对物造成突发性损害的因素，强调突发性和瞬间作用，常见于各种突发的安全生产事故或灾害事故。有害因素是指能够影响人的身体健康、导致疾病或对物造成慢性损害的因素，强调在一定时间范围内的积累作用，主要应用于职业病防治。在通常情况下，二者并不加区分而统称为危险、有害因素。

在生产过程中，危险、有害因素有哪些？根据《生产过程危险和有害因素分类与代码》(GB/T 13861—2009)，生产过程中危险、有害因素主要包括四大类：

(1) 人的因素。与生产各环节有关的，来自人员自身或人为性质的危险和有害因素。人的因素包括心理、生理性危险和有害因素，行为性危险和有害因素。

(2) 物的因素。机械、设备、设施、材料等方面存在的危险和有害因素。物的因素包括物理性危险和有害因素、化学性危险和有害因素、生物性危险和有害因素。

(3) 环境因素。生产作业环境中的危险和有害因素。环境因素包括室内作业场所环境不良、室外作业场地环境不良、地下（含水下）作业环境不良、其他作业场所环境不良。

(4) 管理因素。管理和管理缺失所导致的危险和有害因素。管理因素包括职业安全卫生组织机构不健全、职业安全卫生责任制未落实、职业安全卫生管理规章制度不完善、职业安全卫生投入不足、职业健康管理不完善，其他管理因素缺陷。

2. 事故及其特点

对事故的定义有很多说法,比较权威的定义是:事故是指造成主观上不希望出现的结果意外发生的事件,其发生的后果可分为死亡、疾病、伤害、财产损失或其他损失,共五大类。

国务院令第493号《生产安全事故报告和调查处理条例》将“生产安全事故”定义为:生产经营活动中发生的造成人身伤亡或者直接经济损失的事件。

事故的分类方法有很多种,我国在工伤事故统计中,按照《企业职工伤亡事故分类标准》(GB 6441—1986)将企业工伤事故分为20类,分别为物体打击、车辆伤害、机械伤害、起重伤害、触电、淹溺、灼烫、火灾、高处坠落、坍塌、冒顶片帮、透水、放炮、瓦斯爆炸、火药爆炸、锅炉爆炸、其他爆炸、中毒和窒息及其他伤害等。

大量的事故统计结果表明，事故主要具有以下几个特点：

(1) 普遍性。各类事故的发生具有普遍性，从更广泛的意义上讲，世界上没有绝对的安全。从事故统计资料可以知道，各类事故的发生从时间上看是基本均匀的，也就是说事故可能在任何一个时间发生；从地点分布上看，每个地方或企业都可能发生事故，不存在什么事故的禁区或者安全生产的福地；从事故的类型上看，《企业职工伤亡事故分类》所列举的事故类型都有血的教训。这说明安全生产工作必须时刻面对事故的挑战，任何时间、任何场合都不能放松对安全生产的要求，而且那些事故发生较少的地区和单位更要明确事故的普遍性这一特点，避免麻痹大意，必须从源头上杜绝事故的发生。

(3) 因果性。事故因果性是说一切事故的发生都是由一定原因引起的，这些原因就是潜在的危险因素，事故本身只是所有潜在危险因素或显性危险因素共同作用的结果。在生产过程中存在许多危险因素，不但有人的因素（包括人的不安全行为和管理缺陷），而且有物的因素（包括物的本身存在不安全因素以及环境存在不安全条件等）。所有这些在生产过程中通常被称为隐患，它们在一定的时间和地点下相互作用就可能导致事故发生。事故因果性也是事故必然性的反映，若生产过程中存在隐患，则迟早会导致事故发生。

(2) 偶然性和必然性。偶然性是指事物发展过程中呈现出来的某种摇摆、偏离，是可以出现或不出现、可以这样出现或那样出现的不确定的趋势。必然性是指客观事物联系和发展的合乎规律的、确定不移的趋势，是在一定条件下的不可避免性。事故的发生是随机的，同样的前因事件随时间进程导致的后果不一定完全相同，但偶然中有必然，必然性存在于偶然性之中。

（4）潜伏性。事故潜伏性是说事故在尚未发生或还未造成后果之时，是不会显现出来的，好像一切还处于“正常”和“平静”的状态。但生产中的危险因素是客观存在的，只要这些危险因素未被消除，事故总是会发生的，只是时间早晚不同而已。

（5）可预防性。事故的发生、发展都是有规律的，如果按照科学的方法和严谨的态度进行分析并积极做好有关预防工作，事故是完全可以预防的。人类对事故预防措施的研究一直没有停止过，而且随着人类认识水平的不断提升，各种类型的事故都可以找到比较有效的预防方法。应该说，人类已经基本掌握绝大多数事故发生、发展的规律，关键的问题是如何在企业和普通劳动者中推广，这是目前安全生产技术问题的关键所在。

国家安全生产监督管理总局颁布的《安全生产事故隐患排查治理暂行规定》将“安全生产事故隐患”定义为：生产经营单位违反安全生产法律、法规、规章、标准、规程和安全生产管理制度的规定，或者因其他因素在生产经营活动中存在可能导致事故发生的物的危险状态、人的不安全行为和管理上的缺陷。

事故隐患与危险源不是等同的概念。事故隐患是指作业场所、设备及设施的不安全状态，人的不安全行为和管理上的缺陷。它实质是有危险的、不安全的、有缺陷的“状态”，这种状态可在人或物上表现出来，如人走路不稳、路面太滑都是摔倒致伤的隐患；也可表现在管理的程序、内容或方式上，如检查不到位、制度不健全、人员培训不到位等。

而从前面的定义可以看出，危险源是指一个系统中具有潜在能量和物质释放危险的、可造成人员伤害、财产损失或环境破坏的、在一定的触发因素作用下可转化为事故的部位、区域、场所、空间、岗位、设备及其位置。它的实质是具有潜在危险的源点或部位，是爆发事故的源头，是能量、危险物质集中的核心，是能量从那里传出来或爆发的地方。危险源存在于确定的系统中，不同的系统范围，危险源的区域也不同。一般来说，危险源可能存在事故隐患，也可能不存在事故隐患，对于存在事故隐患的危险源一定要及时加以整改，否则可能随时导致事故。

实际中，对事故隐患的控制管理总是与一定的危险源联系在一起，因为没有事故隐患也就谈不上要去控制它；而对危险源的控制，实际就是消除其存在的事故隐患或防止其出现事故隐患。所以，在实际中有时不加区别，也使用这两个概念。

事故都有破坏性，是人们不想看见的结果。但是，人们长期同事故做斗争的过程，促进了科技进步和生产力的发展。因此，应当认识事故，预防和控制事故，研究控制事故的方法和措施。正因为如此，催生了安全生产管理这样一门学问，使人们不是消极地应对事故，而是积极主动地预测和控制事故，将事故危害降低到最低水平。

安全生产管理就是针对人们在生产过程中的安全问题，运用有效的资源，发挥人们的智慧，通过人们的努力，进行有关决策、计划、组织和控制等活动，实现生产过程中人与机器设备、物料、环境的和谐，实现安全生产的目标。

安全生产管理的落实主要在企业，国家监督管理的对象也是企业，而企业安全生产管理的对象主要是广大从业人员。我国安全生产管理的基本方针是“安全第一，预防为主，综合治理”。

3. 事故应急与救护在安全生产管理中的重要地位

根据前面提到的关于事故的基础知识可以看出，危险性大小是由事故发生的可能性及其后果严重程度决定的，一个事故发生的可能性越大，后果越严重，则该事故的危险性就越大。因此，事故危险控制的根本途径有两条：第一条是通过事故预防，来防止事故的发生或降低事故发生的可能性，从而达到降低事故危险的目的。然而，由于受技术发展水平、人的不安全行为以及自然客观条件等因素影响，将事故发生的可能性降至零（绝对安全、本质安全）是不现实的。事实上，无论事故发生的频率降至多低，事故发生的可能性依然存在，而且有些事故一旦发生，后果将是灾难性的，如印度博帕尔事件、切尔诺贝利核电站泄漏事故等。如何控制这些概率虽小、后果却非常严重的重大事故风险呢？无疑，应急管理成为第二条重要的风险控制途径。

应急管理是指为了有效应对可能出现的重大事故或紧急情况，降低其可能造成的影响，而进行的一系列有计划、有组织的管理，涵盖在事故发生前、中、后的各个过程。

应急管理与事故预防是相辅相成的，事故预防以“不发生事故”为目标，应急管理则是以“发生事故后，如何降低损失”为己任，两者共同构成了危险事故预防与控制的完整过程。因而，应急管理与事故预防一样，是风险控制一个必不可少的关键环节，它可以有效地降低事故灾难所造成的影响。

《安全生产法》《职业病防治法》《危险化学品安全管理条例》等法律法规都明确了企业必须建立应急救援预案和措施。

在安全生产事故发生后，事故应急救援体系能保证事故应急救援组织及时出动，并有针对性地采取救援措施，对防止事故进一步扩大，减少人员伤亡和财产损失有重大意义。

应急救援工作中一项重要任务是对发生事故的处理和人员的及时救护，在现场救护中人们常常将抢救危重急症、意外伤害伤员寄托于医院和专业的医护人员，缺乏对在现场救护伤员重要性和可实施性的认识。这种传统的观念，往往使处在生死之际的伤员丧失了几分钟、十几分钟最宝贵的“救命的黄金时刻”。

现场救护是指在事发的现场，对伤员进行及时、有效的初步救护，是立足于现场的抢救。事故发生后的几分钟、十几分钟，是抢救危重伤员最重要的时刻，医学上称之为“救命的黄金时刻”。在此时间内，抢救及时、正确，生命有可能被挽救；反之，生命丧失或病情加重。现场救护及时、正确，为医院救治创造条件，能最大限度挽救伤员的生命和减轻伤残。然后在医疗救护下或运用现代救援服务系统，将伤员迅速送到就近的医疗机构，继续进行救治。

对企业员工而言，学习和了解一些基本的自救和救援常识，对减轻事故后果、实施有效的救援非常必要。因为在发生事故的紧急情况下，各种复杂问题都会出现，即使是专业的医护人员，救护的原则与在医院里也大不相同，应学习和了解应急救援中的基本原则和步骤，以便实施有效的方法。

2005 年 11 月 27 日，黑龙江省某煤矿发生爆炸事故，造成 171 人死亡。但在这起特大事故中，瓦检员张某凭借丰富的经验和良好的心理素质，在生死关头带领 26 名工友充分利用现场条件，及时、正确地进行急救与自救，成功逃生。无论是企业安全生产事故，还是生活中遇到的各类公共安全事故，像上面的例子屡见不鲜。所以说，掌握事故应急能力，并具备一定的急救与自救知识，不仅能够在事故面前保持镇定，而且能够为抢险救灾、救助伤员和自救创造良好的条件。

第二部分
安全生产事故应急管理

1. 建立完善的事故应急体系

事故应急救援系统由以下几个组织构成：

（1）应急救援中心。负责协调事故应急救援期间各个机构的运作，统筹安排整个应急救援行动，为现场应急救援提供各种信息支持；必要时实施场外应急力量、救援装备、器材、物品等的迅速调度和增援，保证行动快速、有序有效进行。

（2）应急救援专家组。对城市潜在重大危险的评估、应急资源的配备、事态及发展趋势的预测、应急力量的重新调整和部署、个人防护、公众疏散、抢险、监测、清消、现场恢复等行动提出决策性建议，起着重要的参谋作用。

(3) 医疗救治机构。通常由医院、急救中心等组成，负责设立现场医疗急救站，对伤员进行现场分类和急救处理，并及时合理转送医院治疗。对现场救援人员进行医学监护。

(4) 消防与抢险。主要由公安消防队、专业抢险队、有关工程建筑公司组织的工程抢险队、军队防化兵和工程兵等组成。职责是尽可能、尽快地控制并消除事故，营救受害人员。

(5) 监测组织。主要由环保监测站、卫生防疫站、军队防化侦察分队、气象部门等组成，负责迅速测定事故的危害区域范围及危害性质，监测空气、水、食物、设备设施的污染情况，以及气象监测等。

（6）公众疏散组织。主要由公安、民政部门和街道居民组织抽调力量组成，必要时可吸收企业、学校中的骨干力量参加，或请求军队支援。根据现场指挥部发布的警报和防护措施，指导部分高层住宅居民实施隐蔽；引导必须撤离的居民有秩序地撤至安全区或安置区，组织好特殊人群的疏散安置工作；引导受污染的人员前往洗消去污点；维护安全区或安置区内的秩序和治安。

（7）警戒与治安组织。通常由公安部门、武警、军队、联防部门等组成。负责对危害区外围的交通路口实施定向、定时封锁，阻止事故危害区外的公众进入；指挥、调度撤出危害区的人员，使车辆顺利通过通道，及时疏散交通阻塞；对重要目标实施保护，维护社会治安。

（8）洗消去污组织。主要由公安消防队伍、环卫队伍、军队防化部队组成。其主要职责有：开设洗消站点，对受污染的人员或设备、器材等进行消毒；组织地面洗消队，实施地面消毒，开辟通道或对建筑物表面进行消毒，临时组成喷雾分队，降低有毒有害物的空气浓度，缩小扩散范围。

（9）后勤保障组织。主要涉及计划部门、交通部门、电力企业、通信企业、市政部门、民政部门、物资供应企业等，主要负责应急救援所需的各种设施、设备、物资以及生活、医药等的后勤保障。

（10）信息发布中心。主要由宣传部门、新闻媒体等组成。负责事故和救援信息的统一发布，以及向公众及时、准确地发布有关保护措施的紧急公告等。

应急救援支持保障系统包括以下几个方面的内容：

（1）法律法规保障体系。明确应急救援的方针与原则，规定有关部门在应急救援工作中的职责，划分响应级别、明确应急预案编制和演练要求、资源和经费保障、索赔和补偿、法律责任等。

（2）通信系统。保证整个应急救援过程中救援组织内部，以及内部与外部之间通畅的通信网络。

（3）警报系统。及时向受事故影响的人群发出警报和紧急公告，准确传达事故信息和防护措施。

（4）技术与信息支持系统。建立应急救援信息平台，开发应急救援信息数据库群和决策支持系统，建立应急救援专家组，为现场应急救援决策提供所需的各类信息和技术支持。

（5）宣传、教育和培训体系。通过各种形式的活动，加强对公众的应急知识教育，提高社会应急意识，如应急救援政策、基本防护知识、自救与互救基本常识等。

2. 编制事故应急预案

应急预案又称应急计划，是针对可能的重大事故或灾害，为保证迅速、有序、有效地开展应急与救援行动、降低事故损失而预先制订的有关计划或方案。它是在辨识和评估潜在的重大危险、事故类型、发生的可能性及发生过程、事故后果及影响严重程度的基础上，对应急机构职责、人员、技术、装备、设施设备、物资、救援行动及其指挥与协调等方面预先做出的具体安排。应急预案明确在突发事故发生之前、发生过程中以及刚刚结束之后，谁负责做什么，何时做，以及相应的策略和资源准备等，是及时、有序、有效地开展应急救援工作的重要保障。

一般企业编制现场预案，现场预案是在专项预案的基础上，根据具体情况需要而编制的。它是针对特定的具体场所（即以现场为目标），通常是该类型事故风险较大的场所或重要防护区域等所制定的预案，如危险化学品事故专项预案下编制的某重大危险源的场外应急预案、防洪专项预案下编制的某洪区的防洪预案等。

应急预案在应急救援中的重要作用和地位体现在以下几个方面：

(1) 应急预案确定了应急救援的范围和体系，使应急准备和应急管理不再是无据可依、无章可循。尤其是培训和演习，它们依赖于应急预案：培训可以让应急响应人员熟悉自己的责任，具备完成指定任务所需的相应技能；演习可以检验预案和行动程序，并评估应急人员的技能和整体协调性。

(2) 编制应急预案，有利于做出及时的应急响应，降低事故后果。应急行动对时间要求十分敏感，不允许有任何拖延。应急预案预先明确了应急各方的职责和响应程序，在应急力量和应急资源等方面做了大量准备，可以指导应急救援迅速、高效、有序地开展，将事故的人员伤亡、财产损失和环境破坏降到最低限度。此外，如果预先制定了应急预案，对重大事故发生后必须快速解决的一些应急恢复问题，也就提前制定了解决方案。

（3）应急预案成为城市或生产经营单位应对各种突发重大事故的响应基础。通过编制城市或生产经营单位的综合应急预案，可保证应急预案具有足够的灵活性，对那些事先无法预料到的突发事件或事故，也可以起到基本的应急指导作用，成为保证城市或生产经营单位应急救援的“底线”。在此基础上，城市或生产经营单位可以针对特定危害，编制专项应急预案，有针对性地制定应急措施，进行专项应急准备和演习。

（4）当发生超过城市应急能力的重大事故时，便于与省级、国家级应急部门的协调。当生产经营单位发生超过本单位应急能力的重大事故时，便于向邻近单位或政府应急部门求助，以及政府应急部门之间的协调。

应急预案是针对可能发生的重大事故所需的应急准备和应急行动而制定的指导性文件，其核心内容如下：

(1) 对紧急情况或事故灾害及其后果的预测、辨识、评价；

(2) 应急各方的职责分配；

(3) 应急救援行动的指挥与协调；

(4) 应急救援中可用的人员、设备设施、物资、经费保障和其他资源，包括社会援助资源和外部援助资源等；

(5) 在紧急情况或事故灾害发生时保护生命、财产和环境安全的措施；

(6) 现场恢复；

(7) 其他，如应急培训、演练规定，应急预案管理等。

事故应急救援预案由外部预案和内部预案两部分构成。外部预案由地方政府制定，地方政府对所辖区域内易燃易爆和危险品生产的企业、公共场所、要害设施都应制定事故应急救援预案。外部预案与内部预案相互补充，特别是中小型企业内部应急救援能力不足，更需要外部的应急救助。内部预案由相关生产经营单位制定，内部预案包含总体预案和各危险单元预案。内部预案包括组织落实、制定责任制、确定危险目标、警报及信号系统、预防事故的措施、紧急状态下抢险救援的实施办法、救援器材设备储备、人员疏散等内容。

应急预案基本要素包括：方针与原则，应急准备，应急策划，应急响应，事故后的现场恢复程序，培训与演练，预案管理、评审改进与维护。

3. 建立事故应急队伍

根据法律法规的要求，有关企业按规定标准建立企业应急救援队伍，省（区、市）根据需要建立骨干专业救援队伍，国家在一些危险性大、事故发生频度高的地区或领域建立国家级区域救援基地，形成覆盖事故多发地区、事故多发领域分层次的安全生产应急救援队伍体系，适应经济社会发展对事故灾难应急管理的基本要求。

企业应按规定建立安全生产应急管理机构或指定专人负责安全生产应急管理工作。企业应建立与本单位安全生产特点相适应的专兼职应急救援队伍，或指定专兼职应急救援人员，并组织训练；无须建立应急救援队伍的，可与附近具备专业资质的应急救援队伍签订服务协议。

《国务院办公厅关于加强基层应急队伍建设的意见》（国办发〔2009〕59号）规定，煤矿和非煤矿山、危险化学品生产单位应当依法建立由专职或兼职人员组成的应急救援队伍。不具备单独建立专业应急救援队伍条件的小型企业，除建立兼职应急救援队伍外，还应当与邻近建有专业救援队伍的企业签订救援协议，或者联合建立专业应急救援队伍。应急救援队伍在发生事故时要及时组织开展抢险救援，平时开展或协助开展风险隐患排查。加强应急救援队伍的资质认定管理。矿山、危险化学品生产单位属地县、乡级人民政府要组织建立队伍调运机制，组织队伍参加社会化应急救援。应急救援队伍建设及演练工作经费在企业安全生产费用中列支，在矿山、危险化学品工业集中的地方，当地政府可给予适当经费补助。

专职安全生产应急救援队伍是具有一定数量经过专业训练的专门人员、专业抢险救援装备、专门从事事故现场抢救的组织。平时，专职安全生产救援队伍主要任务是开展技能培训、训练、演练、排险、备勤，并参加现场安全生产检查，熟悉救援环境。

兼职安全生产应急救援队伍也应当具备存放于固定场所、保持完好的专业抢险救援装备，有健全的组织管理制度；其人员也应当具备相关的专业技能，能够熟练使用抢险救援装备，且定期进行专业培训、训练。

兼职安全生产应急救援队伍与专职队伍的主要差别在于，队伍的组成人员平时要从事其他岗位的工作，事故抢险时才迅速集结起来。专职安全生产应急救援队伍要具有独立进行常规事故抢救的能力；兼职安全生产应急救援队伍应当能够有效控制常规事故，为被困人员自救、互救和专职应急救援队伍开展抢险创造条件、提供帮助。

安全生产应急救援队伍或者应急救援人员不论是专职的还是兼职的，都应当具备所属行业领域事故抢救需要的专业特长。专、兼职安全生产应急救援队伍的规模应当符合有关规定，必须保证有足够的人员轮班值守。签订救援服务协议的专职安全生产应急救援队伍应当具备有关规定要求的资质，并能够在有关规定要求的时间内到达事故发生地。

4. 开展事故应急教育培训

生产经营单位应采取不同方式开展安全生产应急管理知识和应急预案的宣传教育和培训工作，其主要目的有：应急培训与教育工作是增强企业危机意识和责任意识、提高事故防范能力的重要途径；应急培训与教育工作是提高应急救援人员和企业职工应急能力的重要措施；应急培训与教育工作是保证安全生产事故应急预案贯彻实施的重要手段；应急培训与教育工作是确保所有从业人员具备基本的应急技能，熟悉企业应急预案，掌握本岗位事故防范措施和应急处置程序的重要方法；应急培训与教育工作能够使应急预案相关职能部门及人员提高危机意识和责任意识，明确应急工作程序，提高应急处置和协调能力；应急培训与教育工作能使社会公众了解应急预案的有关内容，掌握基本的事故预防、避险、避灾、自救、互救等应急知识，提高安全意识和应急能力。

应急培训与教育应遵循以下工作原则：

（1）统一规划，合理安排。按照国家安全生产监督管理总局培训工作总体规划，结合安全生产应急管理和应急救援工作实际，合理安排培训与教育工作计划，突出工作重点，明确工作目标。

（2）分级实施，分类指导。按照“分级负责、分类管理”的原则，分层次、分类别制定培训与教育大纲，编写培训与教育教材，培养专业教师队伍，开展培训工作。

（3）联系实际，学以致用。紧密结合安全生产应急管理和应急救援工作实际，围绕事故应急救援体系建设，针对受训对象的特点和工作需要开展培训工作，着眼于提高事故预防技术水平，着眼于提高科学决策和事故处置能力。

（4）整合资源，创新方式。充分利用现有培训资源，增强现有基地应急培训功能，创新培训方式，理论与实践结合，增强培训效果。

应急培训与教育的基本任务是提高队伍在突发事故情况下快速抢险、及时营救伤员、正确指导和帮助群众防护或撤离、有效消除危害后果、进行现场急救和伤员转送等应急救援技能和应急反应综合素质，有效降低事故危害，减少事故损失。

应急培训与教育包括政府主管部门培训与教育、社区居民培训与教育、专业应急救援队伍培训与教育、企业全员培训与教育。

要对所有参与行动的人员进行最低程度的应急培训与教育，要求应急人员了解和掌握如何识别危险、如何采取必要的应急措施、如何启动紧急情况警报系统、如何安全疏散人群等基本操作。需要强调的是，进行应急培训与教育时，应加强火灾应急培训与教育、危险品事故应急培训与教育，因为火灾和危险品事故是常见的事故类型。

普通员工在应急救援行动中是被救援的主要对象，因此，普通员工应当掌握一定的应急知识，以便在应急行动中能很好地配合应急人员开展应急工作，不会起到妨碍作用。在应急培训与教育中，要训练普通员工学习相关的自救、互救等生存技能，以及应急中的交际技能和团队精神。通常应要求普通员工掌握以下几个方面的内容：知道每个人在应急预案中的角色和所承担的责任；知道如何获得有关危险和保护行为的信息；紧急事件发生时，知道如何进行通报、警告和信息交流；知道在紧急事件中寻找家人的联系方法；知道面对紧急事件的响应程序；知道疏散、避难并告知事实情况的程序；知道如何寻找、使用公用应急设备。

应急培训与教育的方式很多，如培训班、讲座、模拟、自学、小组受训和考试等，以培训与教育授课的方式居多。

5. 加强事故应急演练工作

应急演习目的是通过培训、评估、改进等手段提高保护人民群众生命财产安全和环境的综合应急能力，说明应急预案的各部分或整体是否能有效地付诸实施，验证应急预案应对可能出现的各种紧急情况的适应性，找出应急准备工作中可能需要改善的地方，确保建立和保持可靠的通信渠道及应急人员的协同性。

应急演习过程可划分为演习准备、演习实施和演习总结三个阶段，按照这三个阶段，可将演习前后应予完成的内容和活动确定为：确定演习日期，确定演习目标和演示范围，编写演习方案，确定演习现场规则，指定评价人员，安排后勤工作，准备和分发评价人员的工作文件，培训评价人员，讲解演习方案与演习活动，记录应急组织的演习表现，评价人员访谈演习参与人员，汇报与协商，编写书面评价报告，演习人员进行自我评价，举行公开会议，通报不足项，编写演习总结报告，评价和报告不足项补救措施，追踪整改项的纠正情况，追踪演习目标的演示情况。

演习可分为桌面演习、功能演习和全面演习。

桌面演习是指由应急组织的代表或关键岗位人员参加的，按照应急预案及其标准运作程序，讨论紧急事件时应采取行动的演习活动。桌面演习的主要特点是对演习情景进行口头演习，一般在会议室内举行非正式活动。主要作用是在没有压力的情况下，演习人员在检查和解决应急预案中问题的同时，可以获得一些有建设性的讨论结果。主要目的是在友好、较小压力的情况下，锻炼演习人员解决问题的能力，以及解决应急组织相互协作和职责划分的问题。

桌面演习只需展示有限的应急响应和内部协调活动，应急响应人员主要来自本地应急组织，事后一般以口头评论形式收集演习人员的建议，并提交一份简短的书面报告，总结演习活动和提出有关改进应急响应工作的建议。桌面演习成本较低，主要用于为功能演习和全面演习做准备。

功能演习是指针对某项应急响应功能或其中某些应急响应活动举行的演习活动。功能演习一般在应急指挥中心举行，并可同时举行现场演习，调用有限的应急设备，主要目的是针对应急响应功能，检验应急响应人员以及应急管理体系的策划能力和响应能力。

功能演习比桌面演习规模要大，需动员更多的应急响应人员和组织。必要时，还可要求国家级应急响应机构参与演习过程，为演习方案设计、协调和评估工作提供技术支持，因此，协调工作的难度也随着更多应急响应组织的参与而增大。

功能演习一般需要4～12个评估人员，具体数量依据演习地点、社区规模、现有资源和演习功能的数量而定。演习完成后，除采取口头评论形式外，还应向地方提交有关演习活动的书面汇报，提出改进建议。

全面演习是指针对应急预案中全部或大部分应急响应功能，检验、评价应急组织应急运行能力的演习活动。全面演习一般要持续几个小时，以交互方式进行，演习过程要求尽量真实，调用更多的应急响应人员和资源，以展示应急响应能力。

与功能演习类似，全面演习也少不了负责应急运行、协调和政策拟订人员的参与，以及国家级应急组织人员在演习方案设计、协调和评估工作中提供的技术支持。在全面演习过程中，这些人员的演示范围要比功能演习更广。全面演习一般需 10 ~ 50 个评价人员。演习完成后，除口头评论、书面汇报外，还应提交正式的书面报告。

应急演练的参与人员包括参演人员、控制人员、模拟人员、评价人员和观摩人员。这五类人员在演练过程中都有重要作用，并且在演练过程中都应佩戴能表明其身份的识别符。

其中，如果把参演人员比作通常所说的演员，那么控制人员即导演，模拟人员就是道具，评价人员和观摩人员相当于广大观众。所不同的是，评价人员既是观众，又是参加人。实际工作中，评价人员是指负责观察演练进展情况并予以记录的人员。其主要任务包括：观察参演人员的应急行动，并记录观察结果；在不干扰参演人员工作的情况下，协助控制人员确保演练按计划进行。

参演人员是指在应急组织中承担具体任务，并在演练过程中对演练情景或模拟事件采取响应行动的人员，相当于通常所说的演员。参演人员所承担的具体任务主要包括：救助伤员或被困人员，保护财产和公众健康，获取并管理各类应急资源，与其他应急人员协同处理重大事故或紧急事件。

第三部分 常见的安全生产事故应急处置

1. 火灾事故应急处置

火灾是指在时间和空间上失去控制的燃烧所造成的灾害，了解火灾的分类与其所造成的危害，有针对性地进行应急处置，可以最大限度降低火灾造成的损失。

燃烧需要三个要素，即氧化剂、可燃物和点火源，这三个要素如果缺少了其中任何一个，燃烧都不能发生和维持，因此，这三个要素是燃烧的必要条件。在火灾防治中，都是想办法阻断三个要素的任何一个要素或者同时阻断1～3个要素，以扑灭火灾。

火灾中气态可燃物通常扩散燃烧，即可燃物和氧气边混合，边燃烧；液态可燃物（包括受热后先液化后燃烧的同态可燃物）通常先蒸发为可燃蒸气，可燃蒸气与氧化剂再发生燃烧；固态可燃物先通过热解等过程产生可燃气体，可燃气体与氧化剂再发生燃烧。

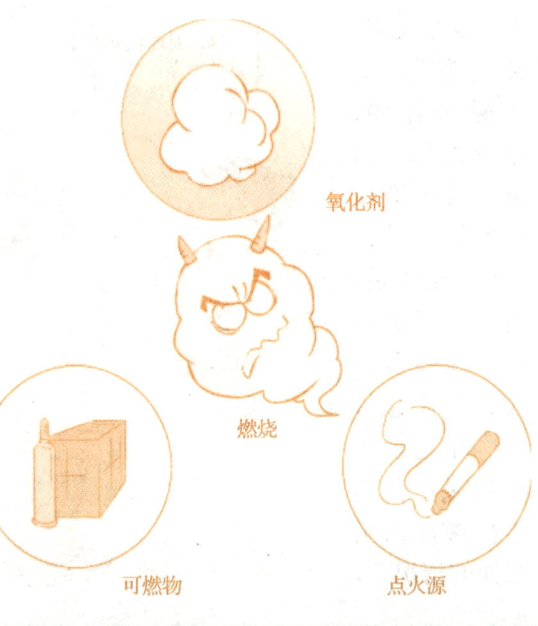

《火灾分类》(GB/T 4968—2008)按可燃物的类型和燃烧特性将火灾分为六类：

(1) A类火灾。A类火灾为固体物质火灾。固体物质往往具有有机物质性质，一般在燃烧时产生灼热的余烬，如木材火灾、煤火灾、棉火灾、毛火灾、麻火灾、纸张火灾等。

(2) B类火灾。B类火灾为液体火灾和可熔化的固体物质火灾，如汽油火灾、煤油火灾、柴油火灾、原油火灾、甲醇火灾、乙醇火灾、沥青火灾、石蜡火灾等。

(3) C类火灾。C类火灾为气体火灾，如煤气火灾、天然气火灾、甲烷火灾、乙烷火灾、丙烷火灾、氢气火灾等。

(4) D类火灾。D类火灾为金属火灾，如钾火灾、钠火灾、镁火灾、铝镁合金火灾等。

(5) E类火灾（带电火灾）。E类火灾为物体带电燃烧的火灾，如发电机火灾、电缆火灾、家用电器火灾等。

(6) F类火灾。F类火灾为烹饪器具内的烹饪物火灾，如动植物油脂火灾等。

火灾发展大体上经历四个阶段，即火灾初起阶段、火灾发展阶段、火灾猛烈阶段和火灾熄灭阶段。

火灾初起阶段是物质在起火后的十几分钟内，燃烧面积不大，火焰不高，热辐射不强，周围物品开始受热，温度上升不快，但呈上升趋势。火灾产生的烟气量还不大，流动速度较缓慢，尚未大范围蔓延扩散，被困人员有一定时间逃生。如果发现及时，扑救方法得当，投入较少的人力和简单的灭火器材就能很快把火控制住或扑灭。火灾初起阶段是扑灭火灾的最佳阶段，应尽可能利用现场条件扑灭火灾。

在火灾发展阶段，由于火灾没有及时得到控制，可燃物持续燃烧，强度增大，载热500℃以上的烟气流动加上火焰的热辐射的作用，使周围可燃物受热并开始分解，不断生成大量热烟气，气体对流增强，燃烧面积扩大，燃烧速度加快。随着火场温度升高，烟气不断积聚在顶棚附近，形成稳定的热烟气层，此时，被困人员逃生难度加大。在火灾发展阶段，如果被困人员掌握正确的逃生自救方法，仍然可以逃出火场。

在火灾猛烈阶段，由于燃烧面积扩大，大量热释放出来，空间温度急剧上升，使周围可燃物几乎全部燃烧，火势达到猛烈的程度。在这个阶段，燃烧强度最大，热辐射最强，温度和烟气对流达到最大限度，不燃材料的机械强度遭到破坏，以致发生变形，或建筑物倒塌，大火突破建筑物外壳，并向周围扩大蔓延，是火灾最难扑救的阶段，不仅需要用很大力量和很多器材扑救火灾，而且需要用很大力量和很多器材保护周围的物质，以防火势蔓延。如果被困人员在这个阶段前还未能撤离火灾现场，火灾将严重威胁其生命安全。

在火灾熄灭阶段，火场火势被控制住以后，由于灭火剂的作用或燃烧材料已经燃烧殆尽，火势逐渐减弱，直至熄灭。

在火灾事故发生后，如果确定是火灾初起阶段，根据火灾机理或灭火原理，紧急采取行动，在能力范围内进行抢险救灾的同时，等待专业消防人员的到来。

一般采用以下几个方法扑救初起阶段火灾：

（1）冷却灭火法。根据可燃物燃烧时必须达到一定温度这个条件，将灭火剂直接喷洒在燃烧着的物体上，使可燃物的温度降到燃点以下，而使燃烧停止。

（2）窒息灭火法。根据可燃物燃烧需要足够的助燃物质（空气、氧）这个条件，采取阻止空气进入燃烧区的措施，或断绝氧气而使燃烧物质熄灭。为使火灾窒息，需将水蒸气、二氧化碳等惰性气体引入着火区，以稀释着火空间的氧浓度。当着火空间氧浓度低于12%，或水蒸气浓度高于35%，或二氧化碳浓度高于35%时，绝大多数燃烧都会熄灭。如果可燃物本身为化学氧化剂物质，是不能采用窒息灭火法的。

（3）隔离灭火法。根据燃烧必须具备可燃物这一条件，将燃烧物质与附近的可燃物隔离，中断可燃物的供应，使燃烧停止。

（4）化学抑制灭火法。使灭火剂参与到燃烧反应中去，起到抑制反应的作用。具体而言，就是使燃烧反应中产生的自由基与灭火剂相结合，形成稳定分子或低活性的自由基，从而切断了自由基的连锁反应链，使燃烧停止。

灭火中具体采用哪种方法，应根据燃烧物质的性质、燃烧特点和火场具体情况，以及消防技术装备的性能等实际情况来选择，一般情况下，综合运用几种灭火法，效果较好。

消防知识的普及是成功扑灭初起火灾的基本条件。人们应不断提高消防知识的学习训练意识，提高自防自救能力。通过形式多样的学习训练，具备一定的灭火知识和技能，是成功扑救初起火灾的基本条件。

及时、准确报警是控制火势蔓延的关键。无论何时何地发生火灾，都要立即报警，一方面要向周围人员发出火警信号，如单位失火，要向周围人员发出报警信号，通知单位领导和有关部门等；另一方面要向“119”消防指挥中心报警。

疏散与抢救被困人员是火灾初起时的首要任务。火灾发生时，义务消防队员和其他在场人员必须坚持救人重于救火的原则，尤其是人员集中场所，更要采取稳妥、可靠的措施，积极组织人员疏散，采取喊话引导、稳定被困人员情绪、及时打开疏散通道等措施，积极抢救被烟火围困的人员。

掌握正确的灭火方法，是成功扑灭初起火灾的保证。面对初起火灾，必须掌握正确的灭火方法，科学、合理地使用灭火器材和灭火设施。

对A类火灾，一般可采取水冷却灭火，但对忌水物质（如布、纸等），应尽量减少水渍所造成的损失。对珍贵图书、档案资料等，应使用二氧化碳灭火器、干粉灭火器。对B类火灾，应及时使用泡沫灭火器进行扑救，还可使用干粉灭火器、二氧化碳灭火器。C类火灾是可燃气体（如氢气、甲烷、乙炔等）燃烧引起的火灾。对C类火灾，因气体燃烧速度快，极易造成爆炸，一旦发现可燃气着火，应立即关闭阀门，切断可燃气来源，同时使用干粉灭火剂，将气体燃烧火焰扑灭。对D类火灾，燃烧时温度很高，水及其他普通灭火剂在高温下会因发生分解而失去作用，应使用专用灭火剂。金属火灾灭火剂有两种类型：一是液体型灭火剂，二是粉末型灭火剂。例如，用7150灭火剂扑救镁、铝、镁铝合金、海绵状钛等轻金属火灾，用原位膨胀石墨灭火剂扑救钠、钾等碱金属火灾。少量金属燃烧时可用干沙、干的食盐、石粉等扑救。

设法切断电源，为扑救火灾创造安全的环境。

对于初期带电设备或线路火灾，应使用二氧化碳灭火器具或干粉灭火器具进行扑救。扑救时应根据着火带电设备或线路的电压，确定扑救最小安全距离，在确保符合人体、灭火器的筒体、灭火器的喷嘴与带电体之间距离不小于最小安全距离的要求下，操作人员应尽量从上风方向施放灭火剂，进行灭火。生产装置区、库区、装卸区和变电所、配电所等部位的蒸汽、二氧化碳、干粉固定灭火装置，以及雾状水等固定或半固定的灭火装置，可以直接用于带电灭火。

E类火灾应急处置的前提是断电，如果确实没有条件断电，千万不能用流水直接扑救，以免引起触电事故。应先禁止无关人员进入着火现场，特别是对于有电线落地已形成了跨步电压或接触电压的场所，一定要划分出危险区域，并有明显的标志，由专人看管，以防误入而伤人。同时，要与生产调度人员、电工技术人员合作，在允许断电时要尽快

2. 危险化学品事故应急处置

凡具有爆炸、燃烧、毒害、腐蚀、放射性等危险特性，在生产、储存、运输、经营、使用过程中可能发生化学安全事故，造成人员伤亡、财产损毁或环境污染，需要特别防护的化学品，统称危险化学品。危险化学品在运输过程中被称为危险货物。

《化学品分类和危险性公示　通则》（GB 13690—2009）将危险化学品的危险性分为理化危险、健康危险和环境危险三种。其中，有理化危险的化学品分别是爆炸物、易燃气体、易燃气溶胶、氧化性气体、压力下气体、易燃液体、易燃固体、自反应物质或混合物、自燃液体、自燃固体、自热物质和混合物、遇水放出易燃气体的物质或混合物、氧化性液体、氧化性固体、有机过氧化物、金属腐蚀物。

危险化学品目录，由国务院安全生产监督管理部门会同国务院工业和信息化、公安、环境保护、卫生、质量监督检验检疫、交通运输、铁路、民用航空、农业等主管部门，根据化学品危险特性的鉴别和分类标准确定、公布，并适时调整。

危险化学品具有如下几个特性：

（1）燃烧性。爆炸品、压缩气体和液化气体中的可燃性气体、易燃液体、易燃固体、自燃物品、遇湿易燃物品、有机过氧化物等，在条件具备时均可能燃烧。

（2）爆炸性。爆炸品、压缩气体和液化气体、易燃液体、易燃固体、自燃物品、遇湿易燃物品、氧化剂和有机过氧化物等，均可能由于其化学活性或易燃性引发爆炸事故。

（3）毒害性。许多危险化学品可通过一种或多种途径进入人或动物体内，当其在人或动物体内累积到一定量时，便会扰乱或破坏肌体的正常生理功能，引起暂时性或持久性的病理改变，甚至危及生命。

（4）腐蚀性强酸、强碱等物质能对人体组织、金属等造成损坏，接触人的皮肤、眼睛或肺部、食道等时，会引起表皮组织坏死而造成灼伤。内部器官被灼伤后可引起炎症，甚至会造成死亡。

（5）放射性。放射性危险化学品放出的射线可阻碍和伤害人体细胞活动机能，并导致细胞死亡。

因为危险化学品对人体、环境具有严重的危害作用，所以危险化学品事故具有特殊而严重的后果，其事故应急救援工作十分重要。常见的危险化学品事故应急救援有：危险化学品泄漏事故控制和处理，危险化学品火灾、爆炸事故应急和处理，危险化学品中毒、环境污染事故应急救援等。

2011年2月16日，《危险化学品安全管理条例》经国务院第144次常务会议修订通过，国务院令第591号公布，自2011年12月1日起施行。

危险化学品事故应急处置按照以下几个原则进行：

（1）控制危险源。及时控制造成事故的危险源，是应急救援工作的首要任务，只有及时控制住危险源，防止事故继续扩展，才能及时、有效地进行救援。

（2）抢救受害人员。抢救受害人员是应急救援的重要任务。在应急救援行动中，及时、有序、有效地进行现场急救与安全转送伤员是降低伤亡率、减少事故损失的关键。

（3）撤离。由于化学事故发生突然、扩散迅速、涉及面广、危害大，应及时指导和协助群众采取各种措施进行自身防护，并向上风向迅速撤离危险区或可能受到危害的区域。在撤离过程中应积极听从指挥，协助、组织群众开展自救和互救工作。

（4）做好现场清理，消除危害后果。对事故外溢的有害物质和可能对人体和环境继续造成危害的物质，应及时和有关人员一起予以清除，消除其危害，防止其继续危害人体和污染环境。

易燃液体泄漏后，会顺着地面（或水面）流淌，造成事故面积扩大，如果再遇着火，则是非常危险的。所以，必须对这类泄漏物进行及时、有效的处理，防止二次事故发生。对于一般现场泄漏物，通过覆盖、收容、稀释，使泄漏物得到安全可靠的处置。

进入现场的人员必须配备必要的个人防护器具，并且一定要注意检查防护器具是否齐全、有效。如果泄漏物是易燃易爆的，事故现场应严禁火种。应急处理时严禁单独行动，要有监护人，必要时用水枪、水炮掩护。

危险化学品泄漏时，除受过特别训练的人员外，其他任何人不得试图清除泄漏物。

危险化学品容易发生火灾、爆炸事故，但不同危险化学品以及在不同情况下发生火灾时，其扑救方法差异很大，若处置不当，不仅不能有效扑灭火灾，反而会使灾情进一步扩大。此外，由于危险化学品本身及其燃烧产物大多具有较强的毒害性和腐蚀性，极易造成人员中毒、灼伤。

扑救危险化学品火灾是一项极其重要又非常危险的工作。从事危险化学品生产、使用、储存、运输的人员和消防救护人员平时应熟悉和掌握危险化学品的主要危险特性及相应的灭火措施。

进行危险化学品的火灾、爆炸事故应急处置时，应该遵循以下几个原则：

(1) 设置警戒线。危险化学品事故现场情况复杂，必须实施警戒，并及时疏散危险区域内的人员。

(2) 选择适当的处置方法，防止盲目施救。危险化学品种类繁多，各种危险化学品有各自的危险特性，处置方法也不同。所以，发生危险化学品运输事故时，一定要弄清楚运输的危险化学品的名称和危险性，再根据事故现场情况，选择适当的处置方法。

(3) 正确选用灭火剂。扑救危险化学品火灾时，应正确选用灭火剂，积极采取有针对性的灭火措施。

(4) 控制和消除火源。大多数危险化学品都具有易燃易爆性，现场处置中若遇火源，发生燃烧爆炸，对现场人员、周围群众、设施都会造成严重危害，也给事故处置增加难度。如果处置的危险化学品是易燃易爆物品，现场和周围一定范围内要杜绝火源，所有电气设备都应该关掉，进入警戒区的消防车辆必须带阻火器。

大多数易燃、可燃液体火灾都能用泡沫扑救。其中，水溶性有机溶剂火灾，应使用抗溶性泡沫扑救，如醚、醇类火灾。可燃气体火灾，可使用二氧化碳、干粉等灭火剂扑救。有毒气体和酸液、碱液火灾，可使用喷雾、开花射流或设置水幕进行稀释。遇水燃烧物质（如碱金属及碱土金属）火灾、遇水反应物质（如乙硫醇、乙酰氯等）火灾，应使用干粉、干沙土或水泥粉等覆盖灭火；粉状物品（如硫黄粉、粉状农药等）火灾，不能用强水流冲击，可用雾状水扑救，以防止发生粉尘爆炸、扩大灾情。

危险化学品火灾扑灭后，要对事故现场进行彻底清理，防止因某些危险化学品没有清理干净而复燃。对火灾现场及参与火灾扑救的人员、装备等进行全面洗消。对现场进行再次检测，确保现场残留毒物达到安全标准后，解除警戒。

3. 矿山安全事故应急与救援

常见的煤矿企业生产安全事故包括井下火灾、瓦斯、水灾、粉尘、顶板等五大灾害和地面事故等。我国煤矿绝大多数是井工矿井，地质条件复杂，灾害类型多，分布面广，在世界各主要产煤国家中开采条件最差、灾害最严重。随着开采深度的增加，矿井瓦斯、火、水、矿压、地温等灾害日趋严重，其中的瓦斯事故、火灾事故和水灾事故更容易造成煤矿行业的群死群伤，为煤矿防治的重中之重。那么，当矿井发生事故后，如何安全、迅速、有效地抢救人员，保护设备，控制和缩小事故的影响范围及其危害程度，防止事故扩大，将事故造成的人员伤亡和财产损失降到最低限度，是救灾工作的关键。了解井下各类事故的特征对掌握事故发生规律和帮助救灾过程的顺利实施具有重要意义。

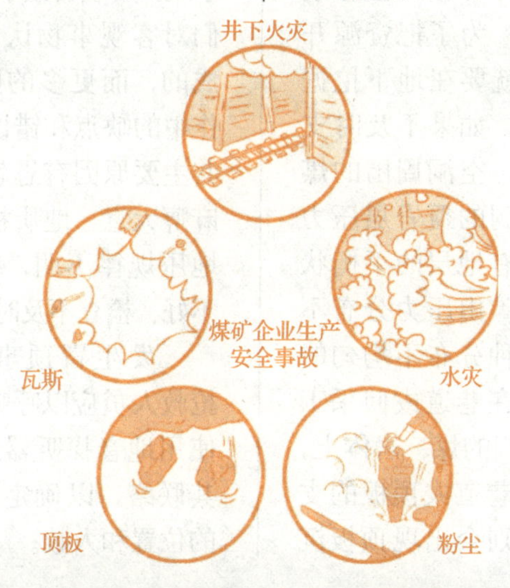

在矿井开拓、掘井或生产期间，为了把资源开采出来，就要在地下挖掘许多空洞，如果不及时支护或处理，空洞周围的煤岩直接受到的覆岩层压力会破坏原有地层的平衡状态，造成矿山压力分布不均匀。这种分布不均匀的压力作用在巷道或回采工作面及四周的煤、岩体上，一旦超过巷道或顶板的支撑力，轻则会出现顶板沉降、片帮、支架回缩，重则会发生底鼓、冒顶、断梁折柱、巷道压垮等，严重威胁着矿工生命的安全和企业的安全生产。

冒顶事故是矿井中最常见、最容易发生的事故。有些冒顶事故是由人们对客观事物认识有限造成的，而更多的则是由工作中的缺点和错误造成的。其主要原因有思想不集中、麻痹大意，地质构造不清、地压规律不明，支护质量不好、检查不及时等。

发生冒顶事故以后，抢救人员应以呼喊、敲打、使用地音探听器等方式与其联络，以确定遇险人员的位置和人数。

如果遇险人员所在地点通风不好，必须设法加强通风。若因冒顶遇险人员被堵在里面，应利用压风管、水管及开掘巷道、打钻孔等方法，向遇险人员输送新鲜的空气、饮料和食物。在抢救中，必须时刻注意救护人员的安全。如果觉察到有再次冒顶危险时，应先加强支护，安排好安全退路。在冒落区工作时，要派专人观察周围顶板变化。清除冒落岩石时，要小心使用工具，以免伤害遇险人员。处理时，应根据冒顶事故的范围大小、地压情况等，采取不同的抢救方法。

顶板冒落范围不大时，如果遇险人员被大块岩石压住，可采用千斤顶等工具把岩石顶起，将人迅速救出。

顶板沿煤壁冒落，矸石块度比较破碎，遇险人员又靠近煤壁位置时，可沿煤壁由冒顶区从外向里掏小洞，架设梯形棚子维护顶板，边支护，边掏洞，直到把人救出；较大范围顶板冒落，把人堵在巷道中，也可采用另开巷道的方法，绕过冒落区，将人救出。

瓦斯爆炸是大量瓦斯在极短时间内被氧化，造成热量积聚，在爆源处形成高温、高压，然后急剧向外扩散，产生巨大的冲击波和声响。

瓦斯爆炸是煤矿事故中破坏力最大的事故之一。瓦斯爆炸时，瓦斯浓度为5%～16%，氧浓度在12%以上，爆炸的引火温度为650～750℃。爆炸时自由空间的瞬时温度可达1 850℃，封闭空间的瞬时温度可达2 650℃；爆炸所产生的最大压力约为爆炸前的9倍，出现很大的冲击波；爆炸后生成大量一氧化碳，是造成人员大量伤亡的原因。瓦斯爆炸事故应急处理的要点如下：

（1）以抢救遇险人员为主，必须遵循先活者后死者、先重伤后轻伤、先易后难的原则。

（2）清除巷道堵塞物，以便于救人。

（3）寻找火源，扑灭爆炸引起的火灾。

（4）做好灾区侦察、寻找爆炸点、封闭灾区等工作。

（5）进入灾区侦察时，要带干粉灭火器材，发现火源及时扑灭。确认灾区没有火源不会引起再次爆炸，即可对灾区巷道进行通风。应尽快恢复原有的通风系统，加大风量，排除瓦斯爆炸后产生的烟雾和有毒有害气体。迅速排除这些气体，既有利于抢救遇难人员，减轻遇难人员的中毒程度，又可以消除对井下其他人员的威胁。因此，在抢救遇险人员的同时，对灾区巷道恢复通风、排除有毒有害气体是一项十分重要的工作。

救护队处理瓦斯爆炸事故时应注意的问题如下：问清事故性质、原因、发生地点及出现的其他情况；切断通往灾区的电源；进入灾区时，须先认真检查各气体成分，待没有爆炸危险时再进入灾区作业；发现明火或其他可燃物引燃时，应千方百计立即扑灭，以防二次爆炸；存在明火时，救护队员的动作要轻，以免扬起煤尘、发生煤尘爆炸；救护队员穿过支架破坏地区或冒落堵塞地区时，应架设临时支护，以保证队员在这些地点往返时的安全。

发生煤尘爆炸事故时，首先由发现人利用附近电话向上级汇报，说明灾害地点、性质、范围及波及面。同时设法通知处于灾区回风侧的人员，由基层干部带领，按规定的避灾路线退到新鲜风流地点待命或撤出矿井。此时所有人员都应戴上自救器。如果估计在自救器的有效使用时间内撤不出灾区，应利用现场一切可用的材料构筑临时避难峒室，等待救护队抢救。为了避免冲击波的伤害，发生事故时要背向冲击波的方向，用湿毛巾保护面部和口鼻，躺在水沟的一侧。矿调度室接到事故报告后，应按应急计划通知有关领导及矿山救护队，立即组织抢救。

灾区救护人员应注意的是，集中力量抢救遇险人员，应多带自救器或备用呼吸器，以保证遇险者脱险，立即切断灾区电源，停电操作应在灾区以外配电点进行，以防断电火花引爆煤尘或瓦斯，对灾区进行全面侦察，发现火源立即扑灭，防止二次爆炸；恢复通风，清除堵塞物，迅速排除有害气体。

发生火灾时常用的通风方法有正常通风、增减风量、反风、风流短路、隔绝风流、停止风机运转等。不论选择何种通风方法，都必须满足以下几个条件：不使瓦斯聚积、矿尘飞扬，以免造成爆炸；不危及井下人员的安全；不使火源蔓延到瓦斯聚积的地域，也不使超限的瓦斯通过火源；有助于阻止火灾扩大，压制火势，创造接近火源的条件；防止再生火源的发生和火烟的逆退；防止火风压的形成，以免造成风流逆转。

为接近火源，救人灭火，应及时排除弥漫井巷的火烟。扑灭井下火灾的方法有直接灭火法（如用水灭火、惰性气体灭火、泡沫灭火等）、隔绝灭火法（封闭火区）、综合灭火法（注泥和注沙、均压、分段启封直接灭火等）。

用水灭火最方便有效。要求有充足的水量，保证不间断供给；正常通风，使火烟和水汽顺利排出；灭火时应由火源边缘逐渐向中心喷射，以防产生大量水蒸气而爆炸；要经常检查火区附近的瓦斯，防止引发爆炸。

惰性气体灭火是把不参与燃烧反应的窒息性气体利用一定的动力送入火区，使火区的氧含量降到抑燃值以下，从而抑制可燃物的燃烧和爆炸。最常用的惰性气体是氮气。当不能接近火源，或用其他方法直接灭火具有很大危险，或不能获得应有效果时，可用惰性气体灭火。惰性气体灭火的优点是既能使火区气体惰化，又能抑制瓦斯涌出，在火区内的抢险和恢复工作也很安全、迅速，设备损坏率小；惰性气体灭火的缺点是火势强时，灭火时间长且易复燃，其冷却火源的作用比水小。

二氧化碳是一种窒息性气体，因为它具有无助燃性和自燃性，因而注入火区后，也能起到降低氧含量，抑制燃烧、爆炸的作用。干粉具有冷却、窒息、隔绝、切断燃烧的化学作用，具有产生冲击波、打乱燃烧物的位置使其熄灭的物理作用。因此也是井下灭火较好的物资。高倍数泡沫能隔绝火源并覆盖燃烧物，产生水蒸气而大量吸热，阻止火场热传导、热对流和热辐射的作用，其灭火威力大，速度快，因而也被广泛应用于扑灭井下火灾。

隔绝灭火是在通向火区的巷道中构筑密闭墙，断绝火区的供氧源，使火区中氧含量逐渐减少，二氧化碳含量逐渐增加，使火灾自行熄灭的方法。这种方法适用于难以接近火源，不能直接灭火或直接灭火无效时。隔绝灭火可选用密闭材料，取材广泛，易于就地解决，便于建造，也便于启封。

注浆灭火是一种较简单的综合灭火方法。它是利用地面和井下的高差产生的压力，加上泥浆本身的压力，把事先搅拌好的泥浆注入火区，以达到灭火的目的。注浆灭火兼有直接灭火和隔绝灭火的优点，而且取材方便，经济有效，因而在矿井中被普遍应用。

均压通风灭火是指通过改变通风系统的压力分布，降低漏风风路两端的风压差，以减少漏风，通过降低火区供氧量来加速火灾的熄灭。均压通风灭火适用于火源位置不明确、人员难以接近、采用直接灭火或隔绝灭火都较困难的场合。

当矿井水的水量超过矿井排水能力或发生井下突然涌水时，会造成水灾，轻者局部巷道被淹，重者全井充水，矿毁人亡。矿井发生水灾后，常常有人被困在井下，等待救助，这是救护工作的重点对象。井下水灾应急处理的一般原则如下：

(1) 必须了解突水的地点、性质，估计突出水量、静止水位、突水后涌水量、影响范围、补给水源及有影响的地面水体。

(2) 掌握灾区范围、事故前人员分布，知道矿井中有生存条件的地点、进入该地点的可能通道，以便迅速组织抢救。

(3) 按积水量、涌水量组织强排水，同时堵塞地面补给水源。

(4) 加强排水和抢救中的通风，切断灾区电源，防止将空区积聚的瓦斯引爆或突然涌入其他巷道。

（5）排水后侦察、抢险中，要防止冒顶、掉底和二次突水。

（6）搬运和抢救遇险者，不要突然改变遇险者已适应的环境和生存条件，以免造成伤亡。

抢救长期被困在井下的遇险人员时应注意：

（1）发现遇险人员时，严禁用头灯光束直射其眼睛，以免在强光刺射下瞳孔急剧收缩，造成失明。正确的方法是用衣片等罩住头灯，使光线减弱，或蒙住遇险人员眼睛，待瞳孔逐渐收缩直至恢复正常时，才可以见到强光。

（2）发现遇险人员时，不可立即抬运出井，应注意保护体温。应在井下安全地点进行初步处置（如包扎、输液、注射等），并待其情绪稳定以后，才送到医院进行特别护理。在治疗初期，避免亲友探视，以防过度兴奋影响遇险人员的健康或造成死亡。

（3）遇险人员长期不进食，消化系统功能极度减弱，又急需补充营养，应以少量多餐的方法，以稀软、高营养、高蛋白的食物为宜。

4. 事故现场疏散与逃生

美国罗得岛州一个名叫西沃伟克的夜总会某日因施放焰火引起火灾，急于逃命的人们不注意安全疏散方法，一起涌向正门，前后挤成一团，谁也逃不掉，光是正门处就有20余人被烧死、熏死，甚至踩死。

日本仙台丸光百货店营业中发生火灾，2 000多名顾客在训练有素的营业员统一指挥下，全部安全疏散至楼外，无一伤亡，创造了火灾发生后人员安全疏散的奇迹。

安全生产事故的发生往往是突然的、出乎意料的，发生事故时的紧急状态下，出于人的本能反应，第一时间想到的就是疏散与逃生。在事故现场，因为不正确的疏散、逃生方法而导致的悲剧时有发生。从安全生产事故的预防角度来说，学习掌握正确的疏散与逃生方法，可以使身处危险中的从业人员保持冷静，在最短时间内做出正确选择，从而最大限度保护自身的生命安全。下面以最常见的火灾事故和危险化学品事故现场为例，讲述事故现场疏散与逃生的基本技巧与方法。

火灾现场逃生应注意以下几个问题：

（1）保持镇静，克服惊慌心理，谨防心理崩溃。

（2）逃生时，报警和呼救要同时进行。

（3）逃生时，要随手关闭通道上的门窗。

（4）克服盲目从众行为。

（5）火场逃生要迅速，动作越快越好。

（6）不要向狭窄的角落退避。

（7）不要在烟气中直立行走，不要做深呼吸，要尽量低姿势匍匐前进，用湿毛巾捂住口鼻。

（8）不要重返火场。

（9）火场上不要轻易乘坐普通电梯。

（10）不要身穿着火衣服跑动。

（11）不能盲目跳楼。

（12）要正确估计火势的发展和蔓延势态，防止产生侥幸心理。

互救是指在火灾中表现出舍己救人，以帮助他人为目的的行为。互救分为自发性互救和有组织的互救。

（1）自发性互救是指在火灾现场，在无组织、无领导的情况下，群众所采取的一种自觉自愿的救助行为。例如，当火灾发生时高喊“着火了”，或敲门向左邻右舍报警，当周围的邻居听到着火的消息后，年轻力壮和有行为能力的人都会纷纷跑来救人、灭火和帮助年老体弱者、妇女和儿童逃离火场。

（2）有组织的互救是指在火灾初期，消防人员尚未到达火场之前，由起火单位的干部和职工组织起来的互救行为，表现为火灾发生时应喊话、广播通知，引导被火围困人员逃离险境。当疏散通道被烟火封锁时，协助架设梯子、抛绳子、递竹竿等帮助被困人员逃生。有条件的，还可在楼下拉起救生网，放置软体物质，救助从楼上往下跳的人员。在配有一般消防器材的建筑火灾中，还可利用建筑物内的水带、水枪为被围困人员开辟通道，帮助其迅速逃离火场。

发生危险化学品泄漏事故时，应急疏散要点如下：

（1）呼吸防护。在确认发生毒气泄漏或危险化学品事故后，应马上用手帕、餐巾纸、衣物等随手可及的物品捂住口鼻。手头如有水或饮料，最好把手帕、衣物等浸湿。最好能及时戴上防毒面具、防毒口罩。

（2）撤离。判断毒源与风向，沿上风或侧上风路线，朝着远离毒源的方向迅速撤离现场。

（3）洗消。到达安全地点后，要及时脱去被污染的衣服，用流动的水冲洗身体，特别是曾经裸露的部分。

（4）救治。迅速拨打“120”，将中毒人员及早送医院救治。中毒人员在等待救援时，应保持平静，避免剧烈运动，以免加重心肺负担致使病情恶化。

危险化学品泄漏事故疏散逃生过程中，一定要做好自身防护。

（1）皮肤防护。尽可能戴上手套，穿上雨衣、雨鞋等，或用床单、衣物遮住裸露的皮肤。如已备有防化服等防护装备，要及时穿戴。

（2）眼睛防护。尽可能戴上各种防毒眼镜、防护镜或游泳用的护目镜等。

（3）食品检测。污染区及周边地区的食品和水源不可随便动用，须经检测无害后方可食用。

在危险化学品泄漏事故应急疏散时，应根据危险化学品的种类和危险性，确定疏散距离。

（1）紧急隔离带是以紧急隔离距离为半径的圆，非事故处理人员不得靠近。

（2）下风向疏散距离是指必须采取保护措施的范围，即该范围内的居民处于有害接触的危险之中，根据泄漏危险化学品的毒性，可以采取撤离、密闭住所窗户等有效措施，并保持通信畅通，以听从指挥。

（3）由于夜间气象条件对毒气云的混合作用要比白天小，毒气云不易散开，因而下风向疏散距离比白天远。夜间和白天的区分以太阳升起和降落为标准。

（4）白天气温逆转或在有雪覆盖的地区，或者在日落时候发生泄漏，如伴有稳定的风，也需要增加疏散距离。因为在这类气象条件下污染物的大气混合与扩散比较缓慢（即毒气云不易被空气稀释），会顺风向下飘得很远。

（5）对液态化学品泄漏，如果物料温度或室外气温超过30℃，疏散距离也应增加。

常见的安全生产事故应急处置

如遇到有毒气体泄漏，应该先做到查明毒害，并做好防护。处置有毒气体（蒸气）泄漏事故时，要先查明现场有毒气体（蒸气）的性质、泄漏点、泄漏量、扩散范围等。根据毒气的危害性质、扩散范围，设置危险警戒区。必须做好个人安全防护，如佩戴空气呼吸器，着防毒衣或防化服等。从现场的上风和侧风方面，进入现场危险区救人和处置险情。同时应尽快通知周围可能受影响的人员疏散，并报警。

泄漏现场的警戒区边界浓度应设在可燃气体爆炸下限的30%，其范围之内为警戒区。如果是液化气泄漏，要按气体扩散范围划定警戒区域，警戒范围按液化石油气爆炸浓度下限的1/2，即0.75%确定。因气态石油气密度比空气大，测试仪应布置在贴近地表处。因气体扩散受泄漏量、风力等条件的影响时刻在变化，警戒范围要根据测得的数值随时调整。

对于几种特殊危险化学品泄漏导致的火灾，扑救时的注意事项如下：

（1）气体类危化品火灾，切忌盲目扑灭火焰，在没有采取堵漏措施的情况下，必须保持稳定燃烧。否则，大量可燃气体泄漏出来与空气混合，或产生爆炸造成严重后果。

（2）扑救爆炸物品火灾时，切忌用沙土盖压，以免增强爆炸物品的爆炸威力。

（3）扑救遇湿易燃物品火灾时，绝对禁止用水、泡沫、酸碱等湿性灭火剂扑救。

（4）扑救易燃液体火灾时，比水轻又不溶于水的液体用直流水、雾状水灭火往往无效，可用普通蛋白泡沫或轻泡沫扑救；水溶性液体最好用抗溶性泡沫扑救。

（5）扑救毒害和腐蚀品的火灾时，应尽量使用低压水流或雾状水，避免腐蚀品、毒害品溅出；遇酸类或碱类腐蚀品最好调制相应的中和剂稀释中和。

（6）易燃固体、自燃物品火灾一般可用水和泡沫扑救，只要控制住燃烧范围，逐步扑灭即可。但有少数易燃固体、自燃物品的扑救方法比较特殊，如二硝基萘、萘等。

处理完危险化学品泄漏或火灾事故后，要及时检查，防止死灰复燃，之后对废弃物进行分类销毁处置。

（1）固体废弃物的处置

使危险废弃物无害化采用的方法是使它们变成高度不溶性的物质，也就是固化（稳定化）的方法。目前常用的固化（稳定化）方法有水泥固化、石灰固化、塑性材料固化、有机聚合物固化等。

工业固体废弃物是指在工业、交通等生产过程中产生的固体废弃物。一般工业废弃物可以直接进入填埋场进行填埋。对于粒度很小的固体废弃物，为了防止填埋过程中引起粉尘污染，可装入编织袋后填埋。

（2）爆炸性物品的销毁

凡确认不能使用的爆炸性物品，必须予以销毁，在销毁以前应报告当地公安部门，选择适当的地点、时间及销毁方法。一般可采用爆炸法、烧毁法、溶解法、化学分解法等。

（3）有机过氧化物废弃物处理

有机过氧化物是一种易燃、易爆品。其废弃物应从作业场所清除并销毁，其方法主要取决于该过氧化物的物化性质，根据其特性选择合适的方法处理，以免发生意外事故。处理方法主要有分解、烧毁、填埋等。

第四部分 常见的现场紧急救护通用知识

1. 心肺功能复苏

安全生产事故发生后，如果能及时对创伤人员的现场急救，对挽救伤员生命、提高伤者生存质量具有重要意义。事故现场急救的目的有以下几个方面：

（1）挽救生命。采取及时有效的急救措施，如对心跳呼吸停止的伤员进行心肺复苏，以挽救生命。

（2）稳定病情。在现场对伤员进行对症、医疗支持及相应的特殊治疗与处置，以使病情稳定，为下一步抢救打下基础。

（3）减少伤残。发生事故，特别是重大事故或灾害事故时，不仅可能出现群体性中毒，往往还可能发生各类外伤，诱发潜在的疾病或使原来的某些疾病恶化，现场急救时正确对病伤员进行冲洗、包扎、复位、固定、搬运及其他相应处理，可以大大降低伤残率。

（4）减轻痛苦。通过一般及特殊的救护安定伤员情绪，减轻伤员的痛苦。

呼吸是人生命的重要体征之一，当各种原因导致呼吸突然停止时，应在现场对伤员进行争分夺秒的抢救，将其迅速搬至远离有害气体、通风良好的地方，使其呈仰卧位放置于地上或硬板床上，松开伤员衣领、内衣、裤带等，以减少妨碍呼吸的阻力；将伤员头后仰，并将下颌抬高，用仰头举颌法解除舌根后坠，通畅气道。施救者可用手将伤员的口张开，检查其口及鼻气道有无阻塞，及时清除口腔分泌物和口咽部异物，如呕吐物、泥、草、血块及假牙等。保持气道通畅并进行人工呼吸。具体方法如下：

将伤员置于仰卧位，施救者站在伤员右侧，将伤员颈部伸直，右手向上托伤员的下颌，使伤员的头部后仰。施救者站在伤员右侧，将伤员颈部伸直，右手向上托伤员的下颌，使伤员的头部后仰。清理伤员口腔，包括痰液、呕吐物及异物等，然后用身边现有的清洁布质材料，如手绢、小毛巾等盖在伤员嘴上，防止传染病。

施救者左手捏住伤员鼻孔（防止漏气），右手轻压伤员下颌，把口腔打开。施救者自己先深吸一口气，用自己的口唇把伤员的口唇包住，向伤员嘴里吹气。吹气要均匀，要长一点儿（像平时长出一口气一样），但不要用力过猛。吹气的同时用眼角观察伤员的胸部，如看到伤员胸部膨起，表明气体吹进了伤员的肺脏，吹气力度合适。如果看不到伤员胸部膨起，说明吹气力度不够，应适当加强。吹气后待伤员膨起的胸部自然回落后，再深吸一口气，重复吹气，反复进行。对一岁以下婴儿进行抢救时，施救者要用自己的嘴把孩子的嘴和鼻子全部都包住进行人工呼吸。对婴幼儿和儿童进行抢救时，吹气力度要减小。每分钟吹气10～12次。

人工呼吸一般是很有效的，只要伤员未恢复呼吸，就要持续进行人工呼吸，不要中断，直到救护车到达，交给专业救护人员继续抢救。如果身边有面罩和呼吸气囊，可用面罩和呼吸气囊进行人工呼吸。

如伤员仅有呼吸停止，心跳没有停止，可只做人工呼吸，进行人工口对口呼吸或口对鼻呼吸后，如伤员皮肤、口唇、指甲的颜色由紫转红，证明有效；如紫色加重，则说明无效，应仔细检查心跳是否停止，气道是否畅通，操作动作是否准确，以便采取相应措施，并迅速送往附近医院急救。对伴有心跳停止者，应同时进行心脏按压。

伤员一旦呼吸和心跳均已停止，应同时进行口对口（鼻）人工呼吸和胸外心脏按压。如果现场仅有1人救护，两种方法应交替进行，每次吹气2～3次，再按压10～15次。进行人工呼吸和胸外心脏按压急救，在救护人员体力允许的情况下，应连续进行，尽量不要停止，直到伤员恢复呼吸与脉搏跳动，或有专业急救人员到达现场。

胸外心脏按压法的基本要领如下：

(1) 使伤员仰卧在比较坚实的地面或地板上，解开衣服，清除口内异物，然后进行急救。

(2) 救护人员蹲跪在伤员腰部一侧，或跨腰跪在其腰部，两手相叠，如图a所示。将掌根部放在被救护者胸骨下1/3的部位，即把中指尖放在其颈部凹陷的下边缘，手掌的根部就是正确的压点，如图b所示。

(3) 救护人员两臂肘部伸直，掌根略带冲击地用力垂直下压，压陷深度为3～5cm，如图c所示。成人每秒钟按压一次，太快和太慢效果都不好。

(4) 按压后，掌根迅速全部放松，让伤员胸部自动复原。放松时掌根不必完全离开胸部，如图d所示。按以上步骤连续不断进行操作，每秒钟一次。

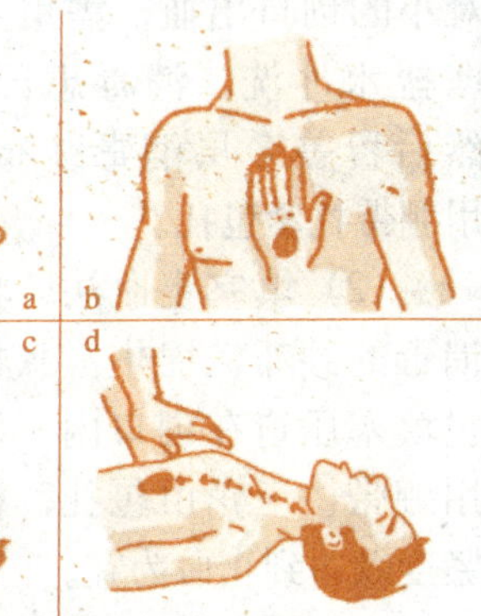

2. 身体创伤现场救护

常用的现场止血方法有以下几种：

（1）一般止血法。针对小的创口出血，需用生理盐水冲洗，消毒患部，然后覆盖多层消毒纱布，用绷带扎紧包扎。

（2）填塞止血法。将消毒的纱布、棉垫、急救包填塞压迫在创口内，外用绷带、三角巾包扎，松紧度以达到止血为宜。

（3）绞紧止血法。把三角巾折成带形，打一个活结，取一根小棒穿在带子外侧绞紧，将绞紧后的小棒插在活结小圈内固定。

（4）加垫屈肢止血法。加垫屈肢止血法是适用于四肢非骨折性创伤的动脉出血的临时止血措施。当前臂或小腿出血时，可于肘窝或腘窝内放纱布、棉花、毛巾作垫，屈曲关节，用绷带将肢体紧紧缚于屈曲的位置。

（5）指压止血法。指压止血法是动脉出血最迅速的一种临时止血法，是用手指或手掌在伤部上端用力将动脉压瘪于骨骼上，阻断血液通过，以便立即止血，但仅限于身体较表浅的部位、易于压迫的动脉。

（6）止血带止血法。止血带止血法主要是用橡皮管或胶管止血带将血管压瘪而达到止血的目的。左手拿橡皮带、后头约16 cm要留下；右手拉紧环体扎，前头交左手，中食两指挟，顺着肢体往下拉，前头环中插，保证不松垮。如遇到四肢大出血，需要用止血带止血，而现场无橡胶止血带时，可在现场就地取材，如布止血带、线绳或麻绳等。

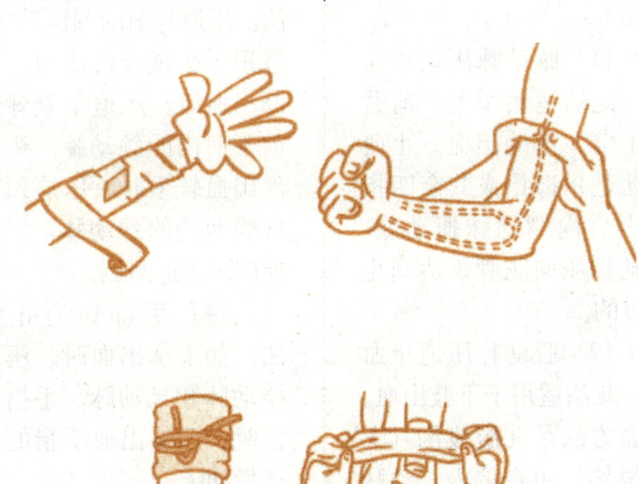

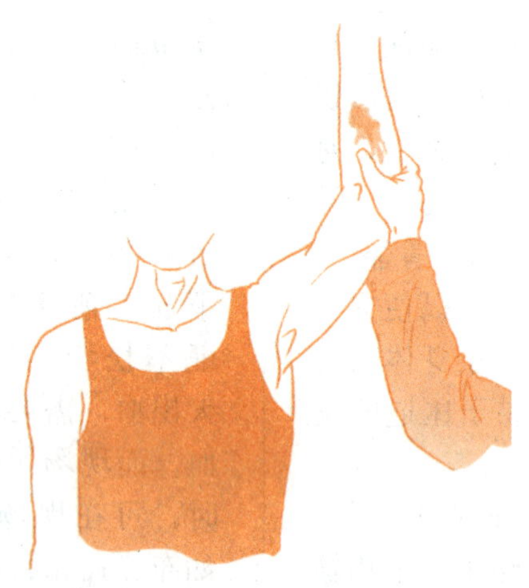

指压止血法的具体方法如下：

（1）肱动脉压迫止血法。此法适用于手、前臂和上臂下部的出血。止血方法是用拇指或其余四指在上臂内侧动脉搏动处，将动脉压向肱骨，达到止血目的。

（2）股动脉压迫止血法。此法适用于下肢出血。止血方法是在腹股沟（大腿根部）中点偏内，动脉跳动处，用两手拇指重叠压迫股动脉于股骨上，制止出血。

（3）头部压迫止血法。压迫耳前的颈浅动脉，适用于头顶前部出血。面部出血时，压迫下颌骨角前下凹内的颌动脉。头面部出血较多时，压迫颈部气管两侧的颈动脉，但不能同时压迫两侧。

（4）手部压迫止血法。如手掌出血时，压迫桡动脉和尺动脉。手指出血时，压迫出血手指的两侧指动脉。

（5）足部压迫止血法。足部出血时，压迫胫前动脉和胫后动脉。

伤口经过清洁处理后，要进行包扎。包扎具有保护伤口、压迫止血、减少感染、减轻疼痛、固定敷料和夹板等作用。包扎时，要做到快、准、轻、牢。包扎伤口，不同部位有不同的方法，包扎材料最常用的是卷轴绷带和三角巾。常用的绷带包扎方法如下：

（1）环形法。将绷带作环形重叠缠绕。第一圈环绕稍作斜状，第二、第三圈做环形，并将第一圈斜出一角压于环形圈内，最后用橡皮膏固定带尾，也可将带尾剪开两头打结。此法是各种绷带包扎中最基本的方法，多用于手腕、肢体等。

（2）蛇形法。先将绷带按环形法缠绕数圈。按绷带的宽度作间隔斜形上缠或下缠。

（3）螺旋形法。先按环形法缠绕数圈。上缠每圈盖住前圈的1/3或2/3，成螺旋形。

（4）螺旋反折法。先按环形法缠绕数圈。作螺旋形法之缠绕，待缠到渐粗处，将每圈绷带反折，盖住前圈的1/3或2/3，依次由上而下缠绕。

（5）“8”字形法。在关节弯曲的上方、下方，先将绷带由下而上缠绕，再由上而下成“8”字形来回缠绕。

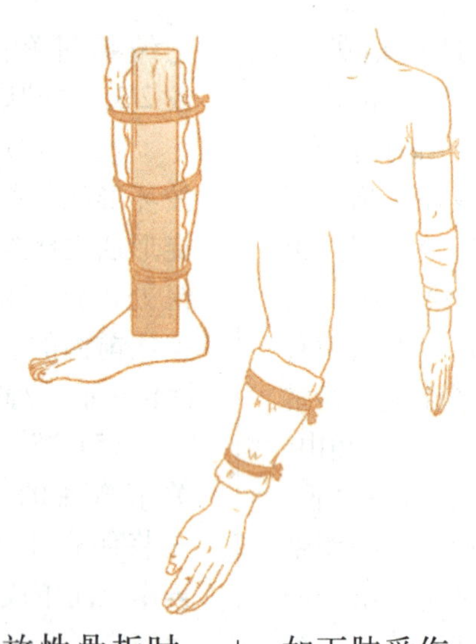

处理开放性骨折时，局部要进行清洁消毒处理，用纱布将伤口包好，严禁把暴露在伤口外的骨折端送回伤口内，以免造成伤口污染和再度刺伤血管与神经。如伤口出血，应先止血，包扎固定；如出现休克或呼吸、心跳骤停时，应立即抢救。

对于大腿、小腿、脊椎骨折的伤者，一般应就地固定，不要随便移动伤者，不要盲目复位，以免加重损伤程度。如上肢受伤，可将伤肢固定于躯干；如下肢受伤，可将伤肢固定于另一健肢。

骨折固定所用的夹板长度、宽度要与骨折肢体相称，其长度一般以超过骨折上下两个关节为宜。固定用的夹板不应直接接触皮肤。在固定时可将纱布、三角巾、毛巾、衣物等软材料垫在夹板和肢体之间，特别是夹板两端、关节骨头突起部位和间隙部位，可适当加厚垫，以免引起皮肤磨损或局部组织压迫坏死。

固定、捆绑的松紧度要适宜，过松达不到固定的目的，过紧影响血液循环，导致肢体坏死。固定四肢时，要将指（趾）端露出，以便随时观察肢体血液循环的情况。如出现指（趾）苍白、发冷、麻木、疼痛、肿胀、甲床青紫等症状时，说明固定、捆绑过紧，血液循环不畅，应立即松开，重新包扎固定。

对四肢骨折固定时，应先捆绑骨折端处的上端，后捆绑骨折端处的下端。如捆绑次序颠倒，则会导致再度错位。上肢固定时，肢体要屈着绑（屈肘状）；下肢固定时，肢体要伸直绑。

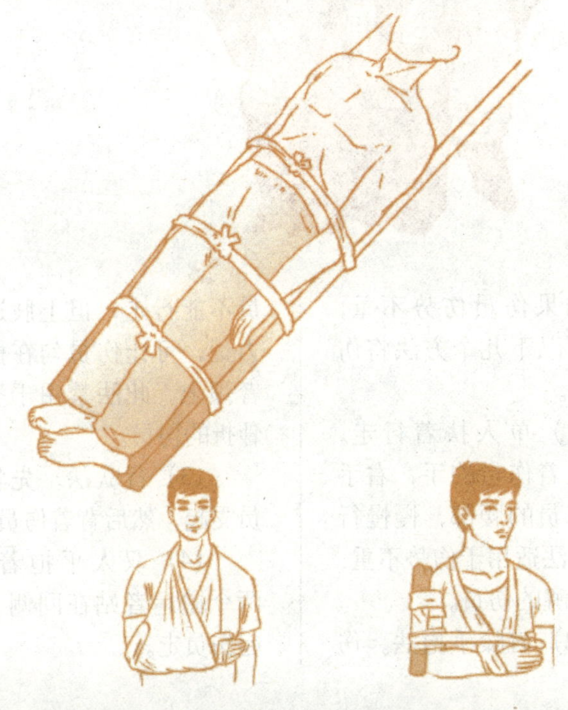

如果伤员伤势不重，可采用以下几个方法将伤员运走。

（1）单人扶着行走。左手拉着伤员的手，右手扶住伤员的腰部，慢慢行走。此法适用于伤势不重、神志清醒的伤员。

（2）肩膝手抱法。伤员不能行走，但上肢还有力量，可让伤员勾在搬运者颈上。此法禁用于脊柱骨折的伤员。

（3）背驮法。先将伤员支起，然后背着伤员走。

（4）双人平抱着走。两个搬运者站在同侧，抱起伤员走。

对于重症伤员，针对不同伤情，应采用不同的搬运法。

(1) 脊柱骨折伤员的搬运。对于脊柱骨折的伤员，一定要用木板做的硬担架抬运。应由2～4人搬运，使伤员成一线起落，步调一致。切忌一人抬胸、一人抬腿。将伤员放到担架上以后，要让他平卧，腰部垫一个靠垫，然后用3～4根皮带把伤员固定在木板上，以免在搬运中滚动或跌落，造成脊柱移位或扭转，刺激血管和神经，使下肢瘫痪。无担架、木板，需众人用手搬运时，抢救者必须有一人双手托住伤员腰部，切不可单独一人用拉、拽的方法抢救伤员，否则易把伤员的脊柱神经拉断，造成下肢永久性瘫痪的严重后果。

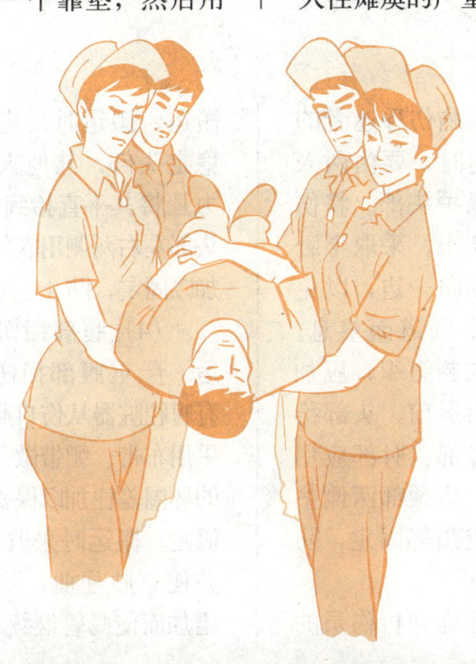

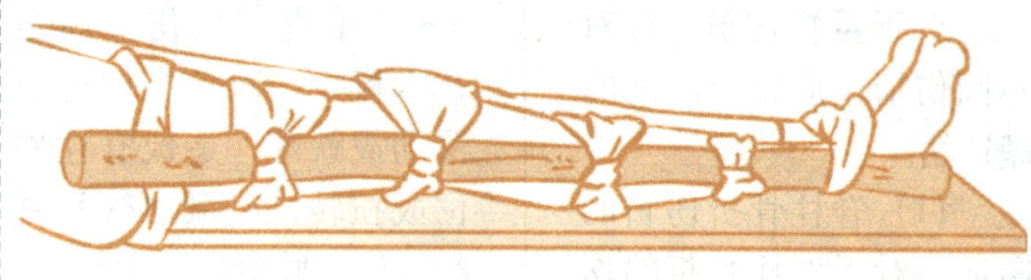

（2）颅脑伤昏迷者的搬运。搬运时，要由两人以上重点保护头部。将伤员放到担架上，采取半卧位，头部侧向一边，以免呕吐物阻塞气道而窒息。如有暴露的脑组织，应加以保护。抬运前，头部给以软枕，膝部、肘部应用衣物垫好，头颈部两侧垫衣物，以使颈部固定，防止来回摆动。

（3）颈椎骨折伤员的搬运。搬运时，应由一人稳定头部，其他人以协调力量将其平直抬到担架上，头部左右两侧用衣物、软枕加以固定，防止左右摆动。

（4）腹部损伤者的搬运。严重腹部损伤者，多有腹腔脏器从伤口脱出，可采用布带、绷带做一个略大的环圈盖住加以保护，然后固定。搬运时采取仰卧位，并使下肢屈曲，防止腹压增加而使肠管继续脱出。

3. 触电、烧伤和化学灼伤、中毒的急救

触电急救的基本原则是动作迅速、方法正确。有资料指出，从触电后1分钟开始救治者，90%有良好的效果；从触电后6分钟开始救治者，10%有良好的效果；而从触电后12分钟开始救治者，救活的可能性很小。触电事故的急救要点如下：

（1）脱离电源。发现有人触电后，应立即关闭开关、切断电源。同时，用木棒、皮带、橡胶制品等绝缘物品挑开触电者身上的带电物体。立即拨打报警求助电话。须防止触电者脱离电源后可能摔伤，特别是当触电者在高处的情况下，应考虑采取防摔措施。

（2）解开妨碍触电者呼吸的紧身衣服，检查触电者的口腔，清理口腔黏液，如有假牙，则应取下。

（3）立即就地抢救。当触电者脱离电源后，应根据触电者的具体情况，迅速对症救护。现场应用的主要救护方法是人工呼吸法和胸外心脏按压法。应当注意，要尽快进行急救，不能等候医生的到来，在送往医院的途中，也不能中止急救。如有电烧伤的伤口，应包扎后到医院就诊。

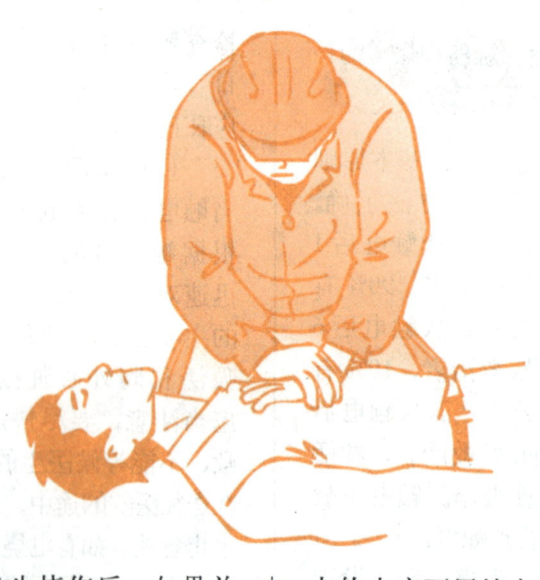

发生烧伤后，如果并非全身性严重烧伤或者说只是身体部位烧伤，应立即用自来水冲洗或浸泡烧伤部位10～20分钟，也可使用冷敷方法。冲洗或浸泡后尽快脱去或剪去着火的衣服或被热液浸渍的衣服。轻度烧伤，用清水冲洗后揾干，局部涂烫伤膏，无须包扎。面积较大的烧伤创面可用干净的纱布、被单、衣服等覆盖。

尽量不挑破水疱，较大的水疱可用缝衣针经火烧烤几秒钟，或用75%酒精消毒后刺破疱，放出疱液，但切忌剪除表皮。烧伤创面上切不可使用药水或药膏等涂抹，以免掩盖烧伤程度。千万不要给口渴伤员喝白开水。

发生窒息时，应尽快解除，如果呼吸停止，立即进行心肺复苏。密切观察伤员有无进展性呼吸困难，并及时护送到医院进一步诊断治疗。

由强酸、强碱、酚、磷等化学物质引起的烧伤，称为化学灼伤。常见的化学灼伤主要是强酸类灼伤、强碱类灼伤、磷类灼伤。

浓酸溅到皮肤上后，应及时用大量清水冲洗，脱去被污染的衣物，根据不同酸的特殊性适当处理。硫酸、盐酸、硝酸所引起的烧伤，应先拭去患处酸液，用大量清水冲洗15～30分钟，再用5%的碳酸氢钠液冲洗，中和后用大量清水冲洗，最后按烧伤处理，三度烧伤可用碘酒或中草药局部处理。

氢氟酸烧伤的危害最大，其烧伤处理步骤如下：首先立即用石灰水、饱和硫酸镁溶液浸泡，以促进恢复，防止坏死。若烧伤部位已经形成水泡，应切开后用30%葡萄糖酸钙、氯化钠溶液浸泡；浸泡后，在烧伤硬结下注射葡萄糖酸钙，以形成氧化钙而起到止痛和控制破坏的作用。但手指、足趾烧伤时，切勿注射过多的葡萄糖酸钙，以防阻滞局部血循环而引起组织坏死；此外，局部烧伤可敷氧化镁与20%甘油混合的糊状膏。如已形成溃疡或水泡，或浸透甲床，可切开，必要时将指甲剥离或做“▽”形局部切除，用弱碱溶液浸泡后再敷以氧化镁油膏。

碱对组织的破坏及渗透性较强，除立即作用外，还能皂化脂肪组织，吸出细胞内的水分，溶解蛋白质，并与之结合形成碱性蛋白化合物，使烧伤逐步加深。表现为局部变白、刺痛、周围红肿起水泡，重者可引起糜烂。

当强碱溅到皮肤上时，立即用大量清水冲洗，要尽量冲洗得彻底干净。用水冲洗前禁用中和剂，以免产生中和热加重烧伤。如用1%～2%醋酸冲洗和湿敷，最后仍需用大量清水冲洗创面。

石灰烧伤时，应先将石灰粉粒清除干净，然后再用清水冲洗，以防石灰在遇水时产生大量热而加重组织烧伤。

常见的现场紧急救护通用知识

一氧化碳、二氧化碳、二氧化硫、硫化氢等超过允许浓度时，均能使人吸入后中毒。发生中毒窒息事故后，救援人员千万不要贸然进入现场施救，首先要采取自身防护措施，避免成为新的受害者。化学性中毒窒息的抢救要领如下：

(1) 抢救人员进入危险区必须戴上防毒面具、自救器等防护用品，必要时也给中毒者戴上，迅速把中毒者转移到有新鲜风流的地方，静卧保暖。

(2) 如果是一氧化碳中毒，中毒者还没有停止呼吸或呼吸虽已停止但心脏还在跳动，在清除中毒者口腔和鼻腔内的杂物使呼吸道保持畅通后，立即进行人工呼吸，若心脏跳动也停止了，应迅速进行心脏胸部按压，同时进行人工呼吸。

(3) 如果是硫化氢中毒，进行人工呼吸之前，要用浸透食盐溶液的棉花或手帕盖住中毒者的口鼻。

(4) 如果是因瓦斯或二氧化碳窒息，情况不太严重时，只要把窒息者转移到空气新鲜的场地稍作休息，他们就会苏醒，假如窒息时间比较长，就要进行人工呼吸抢救。

(5) 在救护中，急救人员一定要沉着，动作要迅速，在急救的同时，应通知医生到现场进行救治。

急性中毒病情发展很快，现场处理是对急性中毒者的第一步处理。

（1）切断毒源，包括关闭阀门，加盲板、停车、停止送气、堵塞漏气设备，使毒物不再继续侵入人体和扩散。

（2）搞清毒物种类、性质，采取相应保护措施。既要抢救别人，又要保护自己，莽撞地闯入中毒现场只能造成更大的损伤。

（3）尽快使中毒者脱离中毒现场后，松开领扣、腰带，呼吸新鲜空气。迅速脱掉被污染的衣物，清水冲洗皮肤15分钟以上。或用温水、肥皂水清洗，注意保暖。有条件的厂矿卫生所应立即针对毒物性质进行解毒，给予驱毒剂，使进入体内的毒物尽快排出。

（4）发生三人以上多人中毒事故，抢救时要注意分类。先重者后轻者，注意现场抢救指挥，防止乱作一团。将危重者尽快转送医疗单位急救，在转运途中注意观察呼吸、心跳、脉搏等变化，并重点而全面地向医生介绍中毒现场的情况，以利于准确无误地制定急救方案。